# BEI GRIN MACHT SICH IHR WISSEN BEZAHLT

- Wir veröffentlichen Ihre Hausarbeit,
  Bachelor- und Masterarbeit

- Ihr eigenes eBook und Buch -
  weltweit in allen wichtigen Shops

- Verdienen Sie an jedem Verkauf

Jetzt bei www.GRIN.com hochladen
und kostenlos publizieren

GRIN

**Bibliografische Information der Deutschen Nationalbibliothek:**

Die Deutsche Bibliothek verzeichnet diese Publikation in der Deutschen National-
bibliografie; detaillierte bibliografische Daten sind im Internet über http://dnb.d-
nb.de/ abrufbar.



**Impressum:**

Copyright © 2018 GRIN Verlag
Druck und Bindung: Books on Demand GmbH, Norderstedt Germany
ISBN: 9783668766037

**Dieses Buch bei GRIN:**

https://www.grin.com/document/436240

Felix Busch

# Messen, Konferenzen und Kongresse als Field-Configuring Events

GRIN Verlag

Friedrich-Schiller Universität Jena

Institut für Geographie

SoSe 2018

GEO 225 „Humangeographie I"

# Messen, Konferenzen und Kongresse als Field-Configuring-Events

Hausarbeit

vorgelegt von:

Felix Busch

Geographie/Mathematik (LAG)

Semester: 4

# Inhalt

# I Abbildungen



# II Tabellen

# 1. Einleitung

Die Internationalen Filmfestspiele Berlins zählen zu den größten Filmmessen der Welt und sind zum Inbegriff der deutschen Filmindustrie geworden. Gegründet 1951, findet die 69. Veranstaltung im Jahr 2019 in einem zeitlich begrenzten Rahmen vom 7. bis 17. Januar statt. Zunächst bedeutend ist für diese Veranstaltung das Publikum, welchem eine Reihe von nationalen und internationalen Filmproduktionen präsentiert wird. Darüber hinaus erhalten die erfolgreichsten Produktionen in vorherig definierten Sektoren den Preis des goldenen oder silbernen Bären (HAIGNER et al. 2009: 68). Diese Messe geht jedoch weit über den Präsentationsaspekt für das Publikum hinaus, denn so ist in ihr die Veranstaltung der European Film Market eingebettet, eine temporäre Raumbildung, in welchem die Produzenten, Verleiher und Filmeinkäufer temporäre Nähe herstellen, um innovative Ideen auszutauschen.

Die Berlinale lässt sich als Beispiel einer Messe als ein Field-Configuring Event klassifizieren. Die konzeptionellen Grundlagen dieses Modell findet man in der Managementforschung, der neoinstitutionalistischen Organisationstheorie, aber auch in der Wirtschaftsgeografie, wodurch sich diese Konzeption als Schnittstelle dieser Disziplinen charakterisieren lässt. Unter anderem sind in diesem Konzept ebenso Kongresse, Konferenzen, Berufssammlungen, Industrieausstellungen und Geschäftszeremonien inbegriffen (LANGE et al. 2014: 189ff.). Vor allem in der Wirtschaftsgeografie folgt dieses Konzept der Idee, Netzwerke und deren Akteure zu untersuchen, so wird schon durch die Benennung einzelner Beispiele deutlich, dass Ereignisse gemeint sind, in welchen sich Akteure unter einer temporären Raumbildung zusammenfinden, um neue Produkte und deren Vokabular einzuführen und sie in einen sozialen Kontext einzubinden, sowie deren Design zu entwickeln und kulturelle Trends zu schaffen. Ebenso bedeutend im Zusammenhang mit Geschäftszeremonien ist jedoch die Etablierung und Weiterentwicklung der eigenen Unternehmensidentität (GABHER et al. 2013: 2f, LANGE 2011: 73).

Die vorliegende Arbeit soll sich mit der Theorie der Field-Configuring Events auseinandersetzen und gerade hinterfragen, inwieweit das Modell eine Perspektive bietet, um die Etablierung und Entwicklung von Märkten zu erfassen. Gerade aus dem Aspekt heraus, dass in diesem Konzept die Schaffung kultureller Trends und deren Etablierung berücksichtigt wird, werden als Beispiel die Kreativen Industrien Berlins herangezogen, da diese Branche eine weite Schnittstelle mit dieser Perspektive bietet, was im Folgenden auch gezeigt werden soll.

Zur Beantwortung der uns vorliegenden Frage sollen zunächst die neoinstitutionalistische Organisationstheorie, sowie die Modelle der Insitutionalisierungsarbeit und der Organisationalen Felder dargelegt werden, um zugrundeliegende Begriffe und Zusammenhänge zu erarbeiten. Anschließend wird ausführlich das Konzept der Field-Configuring Events unter Berücksichtigung deren Definition, Merkmale, Entwicklung beschrieben, um ein Verständnis über das der Arbeit zugrundeliegende Modell zu vertiefen. Diese Konzeptionen münden in der Beantwortung der Fragestellung anhand der Kreativen Industrien Berlins, welche als solche zunächst charakterisiert werden und auch die Schnittstellen zu den Field-Configuring Events begründet werden sollen.


## 2. Einführung in den Neo-Institutionalismus

### 2.1 Grundlagen des Institutionalismus

Schon durch das Präfix „Neo" wird deutlich, dass der Neo-Institutionalismus als eine Theorieströmung, entsprungen aus dem Institutionalismus, zu charakterisieren ist. Dieser betont die Einbettung von Organisationen in übergeordnete Regelsysteme. Diese übergeordneten Regelsysteme, welche als Institutionen zu begreifen sind, entstehen in Folge von „Akteurshandlungen [, aber] [...] auch als Träger kultureller Traditionen, sowie intellektueller Analysen von geistigen Eliten, die selbst nicht als interessengeleitete Akteure fungieren" (MEYER 2007: 9). Institutionen folgen in dieser Perspektive ihrem eigenen historischen Werdegang und verfügen über Eigenschaften politischer und ökonomischer Effizienz. In Hinsicht auf die Akteure sind eigene Meinungen, Ziele und Orientierungen als gegeben vorausgesetzt und nicht durch die Institutionen genesen. Die so eingenommene Position stellt die Akteure noch vor die Institutionen. Folglich ergibt sich eine Perspektive der Analyse von Organisationen hinsichtlich der Theorieströmung des Institutionalismus darin zu untersuchen, welche Institutionen vorliegen, wie diese die Organisation beeinflussen und wie einzelne Akteure innerhalb einer Organisation miteinander interagieren (MEYER & WALGENBACH 2008: 12). Eine weitaus stärkere Position gegenüber den Institutionen nimmt der Neo-Institutionalismus ein, welches folgende Ausführungen verdeutlichen werden.

## 2.2 Grundannahmen und zentrale Begriffe des Neo-Institutionalismus

Die Betrachtungen zu der historischen Einordnung des Neo-Institutionalismus deuteten schon auf zentrale Grundannahmen dieser Theorieströmung hin. Zu beachten hierbei - im Vergleich zum Institutionalismus - ist die veränderte Gewichtung der Institutionen. Im Gegensatz zu den obigen Annahmen zu den Akteuren der Theorieströmung des Institutionalismus, geht man im Neo-Institutionalismus davon aus, dass die Institutionen hier den Standpunkt des Individuums determinieren und diese die Institutionen aus Gründen der Legitimität gegenüber seiner Umwelt reproduziert, hier werden also die Institutionen vor die Individuen gestellt. (MEYER 2005: 8f., TACKE 2006: 90). In Hinsicht der Institutionen auf Organisationen wird angenommen, dass Organisationen in einen institutionellen Kontext eingebunden sind und von institutionellen Erwartungen durchdrungen werden. Dabei spitzt sich hinsichtlich der organisationalen Elemente zu, indem sie als von den Institutionen determiniert angesehen werden (MEYER & WALGENBACH: 49). Die Konstitution einer Organisation ist also nicht Produkt einer Leistungsorientierung, sondern eine Folge der gesellschaftlichen Regelsysteme und deren Erwartungen, deren Genese und Entwicklung kann also „aus einem Prozess der Anpassung an Umweltsysteme" (MIEBACH 2007: 130) aufgefasst werden. Gerade aber weil die einzelnen Akteure direkt von den Institutionen beeinflusst werden, ergibt sich deren Gestaltung von Handlungsspielräumen aus Routinen und Angemessenheitskriterien, die von dem Handelnden berücksichtigt werden (HASSE & KRÜCKEN 2005: 18, MEYER & WALGENBACH: 49).

Aus diesen zentralen Annahmen lassen sich die zentralen Begriffe des Neo-Institutionalismus, Institution, Organisation, Legitimität und Rationalität, rekonstruieren.

Institutionen sind wohl die zentralen Elemente dieser Theorieströmung. Zunächst ist hierbei zwischen formellen und informellen Institutionen zu unterscheiden. Während die formellen Institutionen als verschriftliche Gesetze gefasst werden können, sind informelle Institutionen die Gesellschaft durchdringende Erwartungen und Vorstellungen, wie die Organisation des Miteinanders konstituiert sein soll. Schon hier wird deutlich, dass im Neo-Institutionalismus primär informelle Institutionen ins Blickfeld genommen werden. Eine Regel, als Hyperonym der Institution, kann genau dann als solche klassifiziert werden, „wenn sie maßgeblich für ein empirisches Phänomen ist, wenn sie in sozialer Hinsicht für ein oder mehrere Akteure verbindlich ist und wenn sie zeitlich von langer Dauer ist" (SENGE 2006: 44). Aus der obigen Annahme der Beeinflussung der Organisation durch die Institution ergibt sich auch die Vorstellung, dass sie „die grundlegenden Einheiten der Gesellschaft, ihre Identität, sowie ihre gesellschaftliche Verteilung" (MEYER

2005: 9) und damit auch inbegriffen deren Organisationen verbindlich, maßgeblich und dauerhaft transformieren (SENGE 2011: 152). Ein konkreteres Institutionsmodell wird im nächsten Kapitel vorgestellt. Weiterhin bestimmen die Institutionen die Legitimität einer Organisation. Nach der vorliegenden Theorie ist das Überleben einer Organisation direkt abhängig von deren Legitimität. Dabei ist eine Organisation genau dann legitim, wenn „ihre Aktivität innerhalb gesellschaftlicher Werte, Normen, Vorstellungen und Festlegungen wünschenswert, richtig und angemessen erscheint" (MEYER & WALGENBACH 2007: 64). Schon im Obigen wurde der Rationalitätsgedanke aufgegriffen, denn dadurch, dass die Weltanschauung und Entscheidungsfähigkeit vollends durch den institutionellen Kontext, in welchem der Akteur eingebettet ist, abhängig ist, ist der bestehende Wissensbestand durch die Brille der Institutionen beeinflusst und kann nicht als objektiv charakterisiert werden (MIEBACH 2007: 131ff., TACKE 2006: 90, DiMaggio & Powell 1991: 13).

## 3. Rahmenbegriffe

Die neusten Entwicklungen in der neo-institutionalistischen Organisationstheorie wandten sich davon ab, dass die Institutionen das Handeln der Akteure vollkommen bestimmen. Sie gingen zunehmend davon aus, dass Akteure ihre Institutionen und deren Handlungen beeinflussen, prägen und verändern können. Somit setzt sich diese neue Strömung mit der Frage auseinander: inwieweit werden Unternehmen von der Umwelt beeinflusst bzw. passen sie sich an oder beeinflussen sie die Umwelt? Diese Fragestellung gilt ebenso als das zentrale Thema der Betriebswirtschaftslehre. Somit gilt es heutzutage zu messen, wie weit die Gestaltungsspielräume von Akteuren reichen und wo sich deren Grenzen befinden. Um diese Frage zu beantworten, wurden zwei neue Konzepte entwickelt. Auf der einen Seite die Institutionalisierungsarbeit oder der „institutional- Work Ansatz", welcher auf die Beeinflussbarkeit von Regelsystemen in der institutionellen Umwelt von Unternehmen abzielt und die feld- konfigurierenden Veranstaltungen oder „Field-Configuring-Events", die als Veranstaltungen beschrieben werden, die ein organisationales Feld prägen und bei denen Unternehmen jene Institutionalisierungsarbeit leisten können. Somit sagen beide Konzepte aus, dass es eine strategische Beeinflussung des organisationalen Feldes durch Unternehmen, speziell durch deren Akteure, gibt (MÖLLERING 2011: 458ff).

Die erste Frage, die sich nun jedem stellen könnte, ist: „Was ist ein organisationales Feld?"

## 3.1 Organisationale Felder als Grundkonzept

Allgemein gilt, dass alle Unternehmen, laut Neo- Institutionalismus, Teil von mindestens einem organisationalen Feld sind. Diese Felder entstehen durch Organisationen, die in ihrer Gesamtheit einen anerkannten Bereich institutionellen Lebens konstituieren, also ähnliche Güter produzieren, vermarkten oder wertschätzen (MÖLLERING 2011: 460f).

Sie wurden 1983 von DIMAGGIO UND POWELL zuerst benannt. In der Historie wurde versucht, dass man diese Felder mit Begriffen, wie „institutional environment" (ORREN/ BIGGART/HAMILTON 1991), „institutional sphere" (FLIGSTEIN 1990) oder „institutional sector" (SCOTT/MEYER 1983) zu beschreiben, jedoch etablierte sich der Begriff des organisationalen Feldes (SENGE 2011: 102f). Dieser dient als eine Art „Brückenfunktion", die es erlaubt, dass Studien von Einzelorganisationen unter komplexen Betrachtungen mit Entwicklungen auf der gesellschaftlichen Ebene verknüpft werden können. Somit eignen sich organisationale Felder hervorragend, um auf die zentrale Frage des Neo- Institutionalismus eine Antwort zu finden. Also auf die Frage: „inwieweit beeinflusst die Umwelt die Organisationen?". Somit wird ein organisationales Feld bzw. allgemein ein Feld als ein Gefüge von Organisationen angesehen, die verschiedene Akteure in sich vereinen. Diese Akteure können Organisationen, die ähnliche Produkte oder Dienstleistungen anbieten, Kontrollorganisationen und im ferneren Sinne spezielle Interessengruppen, Gewerkschaften, Ressourcengeber und Konsumenten sein (DIMAGGIO/ POWELL 1983: 150ff). Zunächst gilt hierbei, dass sowohl kooperierende, als auch konkurrierende Organisationen in einem Feld miteinander verstrickt sein können (SENGE 2011: 102f). Als Zwischenfazit kann man sagen, dass organisationale Felder aus Organisationen und deren Akteuren bestehen, bei denen das besondere ist, das sich die Akteure von „innen" mit ihrem Feld auseinandersetzen. Hierbei heißt von „innen", dass die Akteure und deren Organisationen in dieses Feld integriert sind und es nicht als außenstehende Partei betrachten und bewerten. Außerdem ist es wichtig zu wissen, dass alle Akteure, welche sich einem spezifischen Feld zugehörig fühlen, untereinander mehr agieren, als mit Akteuren, die nicht in deren Feld liegen bzw. einem anderen angehören (MÖLLERING 2011: 460f).

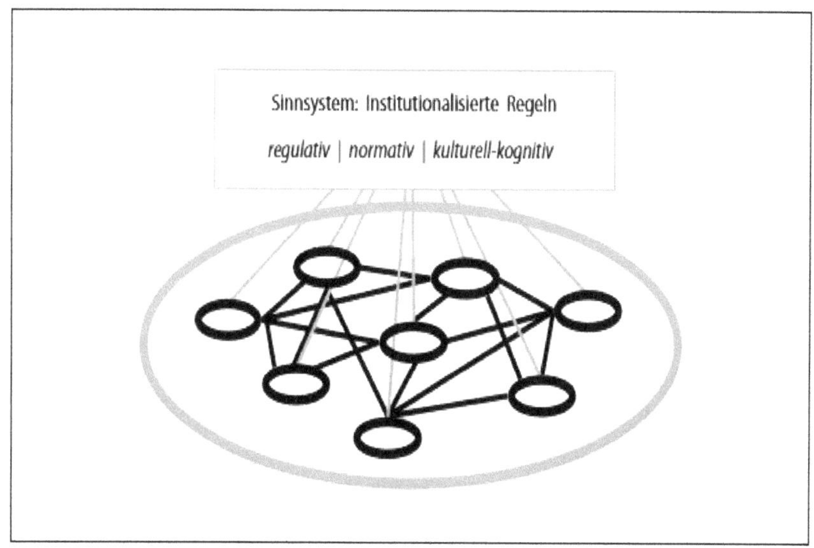


Abbildung 1 - Organisationales Feld nach Scott (MÖLLERING 2011: 462)

Sehr wichtig ist hierbei ebenso, dass es zwischen den Akteuren nicht um eine materielle Abgrenzung geht, denn der Feldbegriff macht auf das Phänomen aufmerksam, dass bei den agierenden Akteuren im Feld ein gewisses Bewusstsein entsteht, sodass sie Teil eines sogenannten Bedeutungs- oder Sinnsystems werden: „that they comprised a community of organizations that parlook of a common meaning system" (WOOTEN/HOFFMAN 2008: 131).

In Abbildung 1 lässt sich der Zusammenhang zwischen Akteuren, Sinnsystem und organisationalen Feld besser erkennen. Ein Sinnsystem wird definiert als „formale und informelle regeln, Wertvorstellungen, Annahmen über die Welt und alle Formen von Wissen [...], die für die Organisationen in einem Feld von Bedeutung sind" (MÖLLERING 2011: 462). Somit bedeutet ein gleiches Sinnsystem unmittelbar, dass die Akteure, die sich in diesem wiederfinden, untereinander agieren und kommunizieren. In dieses Feld kommen zwangsläufig immer mehr Akteure hinzu, die sich im gleichen oder einem ähnlichen Bedeutungssystem wiederfinden. Die Folge ist, dass einige Akteure merken, dass sie vom „Kern" der Gruppe doch zu weit entfernt sind und deshalb aus diesem Sinnsystem ausscheiden und sich demzufolge das vorhandene Sinnsystem verdichtet. Die logische Konsequenz ergibt sich in einer extrem gesteigerten Abgrenzung der Feldmitglieder von anderen Akteuren, die sich in anderen organisationalen Feldern befinden. Man spricht im

Endeffekt sogar von einer Gemeinschaftsbildung innerhalb der Sinnsysteme (MÖLLERING 2011: 461f).

Wenn man nun noch einmal Abbildung 1 betrachtet, dann wird deutlich, dass die graue Ellipse, die um alle anderen Teilbestände des Schemas herum führt, das organisationale Feld darstellen soll, bzw. deren Abgrenzung. Die kleinen schwarzen Kreise spiegeln die verschiedenen Akteure wieder, die sich untereinander, gekennzeichnet durch schwarze Linien, verknüpfen und in einem Sinnzusammenhang stehen. Die einzelnen Akteure sind alle durch die hellgrauen Linien mit dem zuvor beschriebenen Sinnsystem verknüpft, welches sich nochmals in drei Begriffe unterteilt: kulturell-kognitiv, regulativ und normativ. Diese Begriffe beschreiben das Drei- Säulen Modell von SCOTT, welches essentiell für die Bildung eines gemeinsamen Bedeutungssystems angesehen wird. Die regulative Säule beschreibt hierbei Gesetze Verordnungen und andere „harte" Regeln, die von den Akteuren eingehalten werden müssen um Strafen zu vermeiden und bestenfalls Belohnungen zu erhalten. Diese Regeln werden vom Staat, speziell den gesetzesgebenden Institutionen des Staates, vorgegeben und gelten für alle Akteure in der Wirtschaft. Aus diesem Grund gelten sie für ein Sinnsystem nicht als entscheidend. Die normative Säule beschreibt Regeln, die aus der Gesellschaft abgeleitet wurden. Dem entsprechend haben alle Akteure in der Organisation dieselben Erwartungen an bestimmte Aktionen, sie sind sich einig mit welchem maximalen Mittel man Ziele erreichen möchte und dabei die gesellschaftlichen Prinzipien nicht verletzt. Eine Gewinnmaximierung spielt hierbei, im Gegensatz zur regulativen Säule, keine Rolle. Die dritte Säule ist die kulturell- kognitive Säule, welche als entscheidend für ein gemeinsames Sinnsystem gilt. Dabei geht es darum, wie Akteure ihre Welt sinnhaft erschließen, also welche Aktionen von Akteuren sinnvoll sind und welche nicht. Wenn diese Ansichten verschiedener Akteure gleich oder stark ähnlich sind, so kann ein gemeinsames Sinnsystem entstehen. In Tabelle 1 kann man    detaillierter    nachvollziehen    welche    Grundlagen,    Mechanismen,

Legitimitätsgrundlagen, Ordnungsgrundlagen, Indikatoren und Logiken hinter den Säulen und damit hinter dem Sinnsystem stecken (MÖLLERING 2011: 461ff) (SCOTT 2001: 51ff).

Tabelle 1: Drei- Säulen Modell (verändert: SCOTT 2001: 52)

| | Regulativ | Normativ | Kognitiv |
| --- | --- | --- | --- |
| *Grundlage der Regelbefolgung* | Zweckdienlichkeit, Eigennutz | Soziale Verpflichtung | Akzeptanz, geteiltes Verständnis |
| *Ordnungsgrundlage* | Regulative Regeln | Bindende Erwartungen | Konstitutive Schemata |
| *Mechanismus* | Zwang | Normativ | Mimesis |
| *Logik* | Instrumentalität | Angemessenheit | Korrektheit |
| *Indikatoren* | Regeln, Gesetze, Sanktionen | Beglaubigung | Geteilte Überzeugungen und Handlungslogiken, Isomorphismus |
| *Legitimitätsgrundlage* | Rechtliche Sanktionen | Moralisch bestimmt | Versteh- und erkennbar, kulturell unterstützt |

Im eigentlichen Neo- Institutionalismus hat man sich nur damit auseinandergesetzt, welche Resultate die verschiedenen Felder hervorbringen (Isomorphie) und wie die Umwelt diese beeinflusst. Somit war lange Zeit die wichtigste Hypothese der Neo- Institutionalisten, dass sich Organisationen innerhalb eines Feldes immer ähnlicher werden, je länger sie miteinander interagieren. Sie propagierten somit einen Determinismus, der keinerlei Raum für echte unternehmerische Entscheidungen lässt und spezifische Voraussetzungen und Herausforderungen trivialisiert. In den heutigen Entwicklungen werden größtenteils Mechanismen und Prozesse unter die Lupe genommen, die Felder konstituieren und in Bewegung halten (WOOTEN/ HOFFMAN 2008: 137). Das bedeutet, dass es eine Bewegung gibt, die sich stark vom Determinismus und der Isomorphie verabschiedet und auf Fragen eingeht, wie z.B.: „Wie entstehen Institutionen?“, „Wie verändern Akteure Institutionen?“ oder „wie beeinflussen Institutionen ihre Umwelt?“. Um diese Frage fachgerecht zu beantworten gibt es seit 2008 zwei neue Modelle, die Institutionalisierungsarbeit und die feldkonfigurierenden Veranstaltungen.

## 3.2 Institutional- Work Ansatz

Beim Konzept der Institutionalisierungsarbeit oder des Institutional- Work Ansatzes sollen bisherige Forschungen zusammengefasst werden, die sich jeweils mi der Erschaffung von neuen Institutionen, der Reproduktion und Aufrechterhaltung bestehender Institutionen, sowie der Deinstitutionalisierung befassen. Somit meint dieses Konzept, dass die

Individuen, die einer Organisation angehören, in jeder Phase der Institutionalisierung aktiv sind und durch beabsichtigtes Handeln Einfluss auf Institutionen nehmen können bzw. es immer versuchen (vgl. LAWRENCE/SUDDABY/LECA 2009:1f). Demzufolge ergeben sich vielerlei Unterschiede zum vorhergehenden Grundkonzept des Neo- Institutionalismus. Zum einen bot der Neo-Institutionalismus die Ansicht, dass Akteure nur solange Einfluss auf die Institutionen nehmen können, wie diese in der Entstehungsphase sind und selbst dort eingeschränkt. Wenn sich die Institution jedoch verfestigt hat, dann gäbe es laut diesem Grundkonzept nur noch passive Akteure. Währenddessen sagt die Institutionalisierungsarbeit, dass die institutions- bildenden Prozesse niemals abgeschlossen sind, sondern sich Institutionen stetig entwickeln und verändern und Akteure somit dauerhaft aktiv Einfluss auf die Entwicklung nehmen können. Des Weiteren sagte die neo-institutionalistischen Organisationstheorie, dass es einen institutionellen Determinismus gäbe, also die Umwelt die Entwicklung dieser Systeme prägt und es keine individuelle Handlungsfreiheit gibt. Im neueren Ansatz wird jedoch gesagt, dass Akteure in einem Sinnsystem die Institutionen pflegen, die für sie persönlich von Nutzen sein könnten bzw. schon sind. Somit prägen Akteure ihre Umwelt und nicht primär die Umwelt die Institutionen. Zum anderen wurde bisher verzeichnet, dass ein institutioneller Wandel, verschwinden dieser und jegliche Art institutioneller Störung nur durch externe Schocks oder extreme Veränderungen in der Umwelt entstehen können. Im Institutional- Work Ansatz wird hingegen gesagt, dass die Idee zur Veränderung bzw. zur Auflösung einer Institution in den Köpfen der Akteure, die Teil dieser Organisation sind, entstehen (MÖLLERING 2011:464f). Somit existiert primär keine Veränderung, die durch Dritte von außen hervorgerufen wird, sondern es gibt Innovationsschübe, deren Idee von innen reift. Die Folge hierbei ist ein klassischer Paradigmenwechsel. Experten könnten hierbei zunächst vermuten, dass es nur zu einer Rückkehr zum Konzept des Institutionalismus kommt, der besagt, dass Akteure sich Institutionen erschaffen, wie sie es benötigen und sie anschließend verändern, wenn ihnen das System nicht mehr passt. Jedoch kommt es hierbei eher dazu, dass es zu Abhängigkeitsumkehr vom Neo- Institutionalismus kommt, denn nun hängen die Institutionen hauptsächlich von den Akteuren ab, die ein Feld prägen und ein Sinnsystem erschaffen und nicht mehr umgekehrt (ebd.:465ff).

Mit dem „paradox of embedded agency" (Paradoxon der eingebetteten Handlungsmacht) und der praxistheoretischen Wende von Neo- Institutionalismus zur Institutionalisierungsarbeit. Die Frage, mit der sich dieses Paradoxon beschäftigt, lautet: „Wie ist es möglich, dass Akteure emanzipiert auf Institutionen einwirken können, obwohl sie in diese

[…] eingebettet sind?" und „Wie kommen sie darauf, dass eine selbstverständliche Regel nicht mehr selbstverständlich sein muss, und woher nehmen sie die Vorstellungskraft, wie die Regel in Zukunft aussehen sollte?" (MÖLLERING 2011:467). Im Großen und Ganzen setzt sich dieses Paradoxon also damit auseinander, dass Akteure Institutionen von innen verändern und wie Akteure darauf kommen innovativ tätig zu werden. Zu jener Lösung, die mit dem Konzept der Institutionalisierungsarbeit anvisiert wird, gelangt man nach MÖLLERING in drei Schritten:

Die erste Annahme muss sein, dass der Prozess der Institutionalisierung niemals völlig abgeschlossen sein kann, sondern einem stetigen Wandel unterliegt. Dadurch kommt es schlussendlich dazu, dass der Neo- Institutionalismus, speziell der durch ihn geprägte Determinismus, abgeschwächt wird. Folglich werden der Zustand und der Zeitpunkt der Institutionalisierung von den Akteuren beschrieben, die Zugang zur Institution besitzen. Regeln gelten in der Folge nicht mehr als absolut institutionalisiert, sondern es werden nunmehr die impliziten Regeln von Bedeutung (MÖLLERING 2011:467).

Im zweiten Schritt wird den Akteuren in den Institutionen mehr Handlungsmacht zugesagt. Dies hält sich jedoch in einem guten Mittelmaß, sodass die Akteure nicht zu viel und nicht zu wenig Handlungsmacht besitzen. Somit wird grundsätzlich davon ausgegangen, dass es keine „hypermuskulären" Akteure gibt, die eine Institution eigenmächtig steuern, verändern bzw. stören können, sondern mehrere Akteure müssen gemeinsam handeln, um eine weitreichende institutionelle Wirkung zu erzielen. Dabei ist den Akteuren zu diesem Zeitpunkt allerdings noch ziemlich ungewiss, welche Konsequenzen ihre Handlungen im weiteren institutionellen Verlauf haben werden (MÖLLERING 2011:467).

Im letzten bzw. dritten Schritt geht es primär darum, dass weder die „embeddnes" noch die „agency", also weder die Einbettung noch die Handlungsmacht, eine Dominanz erhalten. Stattdessen wird ausgesagt, dass diese beiden „Zustände" unauflösbar zusammengehören und nicht voneinander losgelöst betrachtet werden können (MÖLLERING 2011:467).

Insgesamt lässt sich hier raus Schlussfolgern, dass sich Institutionalisierungsarbeit nachweislich auf vorhandene Institutionen bezieht, aber auch neue erschaffen bzw. negativ oder positiv verändern kann. Außerdem kommen verschiedene Autoren zu dem Schluss, dass Handeln und Institutionen durch Praktiken vermittelt werden. Dabei werden Praktiken, der Einfachheit halber, mit Handlungsmustern gleichgesetzt, „die von einer hinreichenden Zahl von Akteuren regelmäßig angewendet und verstanden werden"(MÖLLERING 2011: 468). Praktiken verknüpfen somit die einzelnen Handlungen der Akteure mit dem Sinnsystem des organisationalen Feldes und die Akteure rücken somit enger zusammen (siehe Abb.2). Des Weiteren „[postuliert] die Institutional Work-Literatur […] nun, dass die Erforschung von Institutionalisierungsprozessen sich auf die Erforschung von Praktiken der Institutionalisierungsarbeit konzentrieren sollte" (ebd.). Somit kommt man zur eigentlichen neuen Entwicklung. Der Neo- Institutionalismus wird nämlich keinesfalls komplett vergessen, sondern als ein Grundkonzept angenommen, welcher nun einen „praxistheoretischen Zweig oder Bezug" hinzubekommen hat (ebd.).

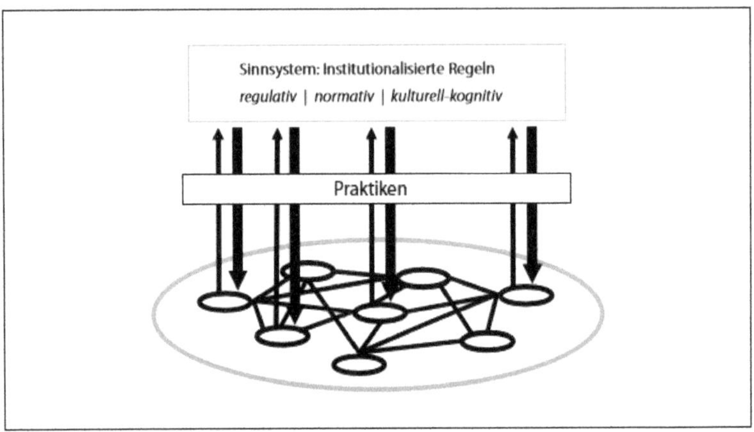


Abbildung 2 - Institutionalisierungsarbeit im organisationalen Feld (MÖLLERING 2011: 462)

In Abbildung 2 kann man die eben beschriebene Institutionalisierungsarbeit schematisch erkennen, wobei die von den Akteuren beschriebenen Handlungen oder Handlungsmuster, die die Institutionen und das gesamte Feld von innen beeinflussen, hier mit Praktiken bezeichnet sind. Grundlegend haben wir in dieser Abbildung wieder ein organisationales Feld. Die Erklärungen aus Abb.1 für die graue Ellipse, die schwarzen Ringe und den schwarzen Strichen zwischen den Akteuren sind in dieser und in Abb.3 ebenfalls noch gültig. Was sich zur Abbildung 1 verändert hat, ist, dass der Begriff der Praktiken über den Akteuren schwebt und zu einzelnen Akteuren eine Wechselpfeilwirkung mit dem Sinnsystem zu verzeichnen ist. Es gibt in der Empirie viele verschiedene Praktiken, die Akteure anwenden können, um ein Sinnsystem bzw. das organisationale Feld und somit auch die persönlich übergeordnete Institution zu verändern. Dabei wird in Praktiken zur Erhaltung, zur Störung und zur Erschaffung von Institutionen unterschieden. Diese

Praktiken verändern das Sinnsystem und somit erachten vielleicht weniger Akteure als zuvor das Sinnsystem indem sie sich befinden für sinnvoll und bleiben diesem auch erhalten. Es kommt also zu einer Eingrenzung der Akteure, die nun enger zusammenrücken. Dieser Prozess verstärkt sich fortlaufend bis zu den field- configuring Events (siehe Abb. 3) (MÖLLERING 2011: 468f).

Trotz alledem gibt es in der Literatur und Praxis auch einige Kritik am Institutional- Work Ansatz. Zum einen scheint es unklar, ob die Abkehr vom deterministisch geprägten Neo-Institutionalismus wirklich nachhaltig ist bzw. ob sich die Theorie der Institutionalisierungsarbeit durch die Annahme, dass Akteure die Institutionen beeinflussen können und organisationale Felder prägen, nicht zu weit vom eigentlichen Neo- Institutionalismus entfernt. Zum anderen scheint man nicht zu wissen, wo man Institutionalisierungsarbeit tatsächlich anwenden kann und wo sie Wirkung zeigt. Somit scheint es für jedes Individuum unklar, wann und ob es sich lohnt Kapital in Institutionalisierungsarbeit zu investieren. Um diese offen stehenden Fragen zu beantworten und der Frage näher zu kommen, ob das Modell der FCE (und damit einhergehend der Institutionalisierungsarbeit) eine Perspektive zur Erklärung der Etablierung und Entwicklung von Märkten bietet, muss man nun die die feldkonfigurierenden Veranstaltungen betrachten und somit Orte und Zeitpunkte identifizieren bei denen Institutionalisierungsarbeit besonders intensiv ist und an dem ein organisationales Feld übermäßig geprägt wird. Also Veranstaltungen und Events bei denen Institutionalisierungsarbeit ausgeübt wird und die organisationalen Felder konfiguriert werden (MÖLLERING 2011: 468ff).

## 4. Field-Configuring Events (FCE)

Nachdem man nun einiges über die Grundlagen von Field-Configuring Events (im Folgenden mit FCEs abgekürzt), also über den Neo-Institutionalismus, organisationale Felder und den Institutional-work Ansatz, widmet sich das folgende Kapitel nun der Umsetzung eben dieser Theorien, den Field-Configuring Events.

### 4.1 Definition und Merkmale von FCEs

Wie bereits in Kapitel 3 erwähnt, dienen die feldkonfigurierenden Veranstaltungen dazu, organisationale Felder zu prägen und dabei Institutionalisierungarbeit zu leisten. (MÖLLERING 2011: 459) Die Forschung bezüglich dieser Events ist sehr jung und befindet sich somit erst noch in der Entwicklungsphase. LAMPEL & MEYER (2008: 1026) befassen sich mit diesem Gebiet ausführlich. So definieren sie FCEs als „temporary social organizations such as tradeshows, professional gatherings, technology contests, and business ceremonies that encapsulate and shape the development of professions, technologies, markets, and industries.". (LAMPEL & MEYER 2008:1026) FCEs sind somit ein Schauplatz, wo Menschen verschiedener Organisationen zusammenkommen können, welche meist ähnliche Interessen haben. An diesem Ort können sie neue Produkte ankündigen, Handelspartner finden, soziale Netzwerke aufbauen, sich mit Anderen austauschen und in Kontakt kommen. Ziel solcher Veranstaltungen ist es, die Feldentwicklung bewusst zu beeinflussen. Meistens sind diese jedoch nicht planbar und können unerwartete, nicht gewünschte Ergebnisse hervorbringen. Somit verändert sich das Ziel von FCEs dahingehend, dass diese die Feldentwicklung gestalten und weiter entwickeln, anstatt sie bewusst zu beeinflussen. (ebd.).

Es existieren sechs charakteristische Merkmale, welche Field-Configuring Events ausmachen:

1. Versammeln von Akteuren mit verschiedenen Hintergründen

2. zeitliche Begrenzung

3. soziale Interaktion

4. zeremonielle Aktivitäten

5. Informationsaustausch

6. Prüfen auf Nutzung von Ressourcen

FCEs bringen Akteure an einem Ort zusammen, welche verschiedene professionelle, organisatorische und geographische Hintergründe haben. Sie sind somit ein Schauplatz, an dem sich Interessierte zusammenfinden können um in Kontakt zu kommen. Die Dauer dieser Veranstaltung ist begrenzt, meist über einige Stunden, wie z.B. bei Konferenzen bis hin zu ein paar Tagen, bei z.B. öffentlichen Messen. Während dieser Zeit ist es den Menschen möglich, miteinander in Kontakt zu treten, sich soziale Netzwerke aufzubauen und somit mögliche Partner oder Unterstützer zu gewinnen. Dadurch haben sie die Möglichkeit, einen späteren Nutzen aus den neuen Kontakten zu ziehen und können ihre Ressourcen optimal nutzen. In diesem Zeitraum findet man zeremonielle und dramaturgische Aktivitäten. Die Akteure werden unterhalten, es gibt möglicherweise Reden, eine Eröffnungsfeier und Abschlusszeremonie. Solche Elemente findet man auf jeder Messe, Konferenz oder Kongress in irgendeiner Form. Eben durch diese face-to-face-Situation ist es den Agierenden möglich, Informationen auszutauschen und sich einen Überblick über den Markt zu verschaffen, um spätere Geschäfte besser planen zu können. Bei diesen Events besteht die Möglichkeit sich zu erkundigen, welche Investitionen sinnvoll und gewinnversprechend für die Zukunft sein werden. Man kann somit nachvollziehen, ob man die eigenen Ressourcen sinnvoll nutzt oder ob es besser wäre, sie für andere Zwecke einzusetzen oder womöglich erst einmal in Gewahrsam zu halten (LAMPEL & MEYER 2008: 1027). Feldkonfigurierende Veranstaltungen sind weit im Voraus geplant und somit gut organisiert und strukturiert. Durch die Teilnahme an diesen Events drücken Akteure ihre Zugehörigkeit zu diesem Feld aus, d.h. es existiert ein gemeinsames Sinnsystem.

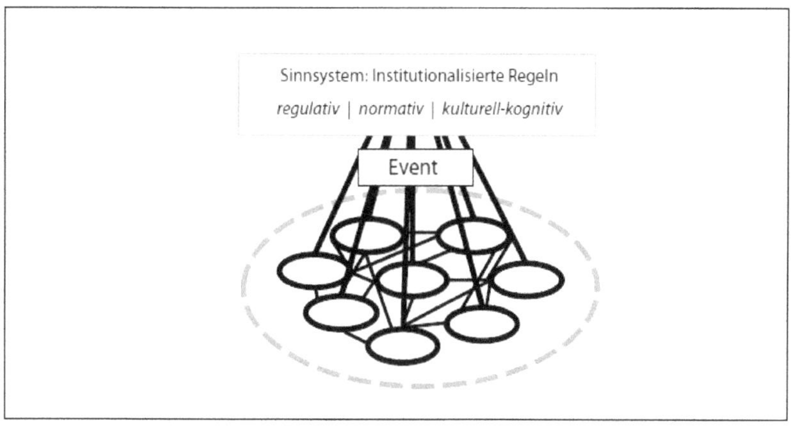



Abbildung 3 – „Verdichtung" des Organisationalen Feldes bei Events (Schematische Darstellung) (MÖLLERING 2011: 474)

Dieses Sinnsystem wie in Abbildung 3 dargestellt kann beispielsweise hinterfragt, erweitert oder interpretiert werden. Durch die Vorgaben und die Planung dieses Events kann man damit sagen, dass bei FCEs Institutionalisierungsarbeit geleistet wird. Die Akteure versammeln sich alle an einem Ort und durch die gegebenen Rahmenbedingungen und die Kontaktmöglichkeiten entstehen neue Netzwerke und es gibt Wechselwirkungen innerhalb dieses entstandenen Events. Dabei hegen alle Beteiligten die gleichen oder zumeist ähnlichen Interessen. Die räumlichen Bedingungen sind nun erweitert, es kann Kontakt über weite Strecken erfolgen. Innerhalb dieses Sinnsystems während des Events jedoch, sind alle Akteure untereinander miteinander verbunden. Sie arbeiten eng miteinander zusammen und können somit ihre Zugehörigkeit zu dem Feld ausdrücken. Alle Teilnehmer unterliegen während der Veranstaltungen ihren internen Regeln und Richtlinien, an die man sich halten muss. (MÖLLERING 2011: 474).

## 4.2 Theoretische Ursprünge

Wie bereits in vorangegangenem Kapitel erwähnt, ist die Forschung zu Field-Configuring Events relativ neu und somit im laufenden Kontext verankert. Jüngste Forschungen legen ihre Aufmerksamkeit dabei auf die Entstehung und Entwicklung dieser Felder und Events. Es wurde herausgefunden, dass Felder als Zusammenschlüsse von Gruppen, Individuen und Organisationen beginnen, also als Agglomerationen und sich daraufhin weiter aufbauen. Durch den ständigen Kontakt verschiedener Akteure während eines Events und darüber hinaus, entwickelt sich somit das Feld und kann sich erweitern, entwickeln und erneuern. Solche Beziehungen unter den Akteuren fördern wettbewerbsfähige, kollaborative Interaktionen. Die Entwicklung eines solchen Feldes erreicht schnell einen Punkt, an dem die Masse der Akteure und ihrer Handlungen kritisch auf struktureller und kognitiver Ebene wird. Die strukturelle Ebene beschreibt dabei makrostrukturelle Merkmale, die die Feldbeständigkeit bestärken. Mit kognitiver Ebene meint man, dass die Mitglieder sich mit dem Feld identifizieren, indem sie Kenntnisse über das Feld in seiner Gesamtheit gewinnen. Beide Ebenen agieren miteinander und verstärken sich gegenseitig. Einzelne Mitglieder stecken in solche Veranstaltungen viel Zeit und Energie, um in Zukunft entsprechend positive Konsequenzen zu erleben. Forscher versuchen, die Gesamtheit dieses Feldphänomens in ihrer Entstehung und Entwicklung zu erfassen. Dabei konzentrieren sie sich hauptsächlich auf globale Prozesse, welche den Markt essentiell verändern können. In der Literatur befasst man sich mit den allgemeinen evolutionären Gegebenheiten dieses Prozesses. Es wird vorrangig die Theorie von FCEs beschrieben, wie diese charakterisiert sind und welche Merkmale sie besitzen. Die Hintergründe, Zusammenhänge und Wechselwirkungen findet man jedoch kaum in der Literatur. Dabei sind gerade diese notwendig, um das Konzept in seiner Gesamtheit erfassen zu können, welche sich jedoch in Forschung befinden. Nun liegt der Schwerpunkt darauf, die Aktionen, Verknüpfungen und Entwicklungen zwischen einzelnen Akteuren und ihren Aktionen nachvollziehen zu können und welche Auswirkungen dies auf die Entwicklung des Feldes haben könnte (LAMPEL, J. & A.D. MEYER 2008: 1027).

## 4.3  Auswirkungen von FCEs auf die Entwicklung von Feldern

Field-Configuring Events sind sowohl Produkt, als auch Treiber der Feldentwicklung. Man kann sie nicht als eines betrachten, da es ein sehr komplexes Konzept ist. Zu Beginn existiert ein Feld, welches sich unter bestimmten Bedingungen zu einem FCE entwickeln kann. Ein Faktor ist dabei die Anwesenheit institutioneller Unternehmer. Diese sorgen dafür, dass ein Produkt entstehen kann und beispielsweise die nötigen Gelder für die Herstellung, Werbung usw. bekommt. Wichtig für die Bildung eines FCE ist die Tendenz mehr nachzuahmen. Das bedeutet, dass die Akteure durch Kontakte neue Ideen gewinnen und sich daraus etwas entwickeln kann, was es so ähnlich schon gibt und sich nur verbessert hat, oder dass durch die nötige Inspiration etwas Neues entsteht. Ein letzter Faktor, damit aus einem Feld ein FCE entstehen kann, ist die Intervention externer Akteure. Durch das Eingreifen von außerhalb, z.B. der Regierung wird versucht, die Entwicklung eines Feldes, womöglich zu eigenen Gunsten, zu beeinflussen. Wenn solch ein Event dann erst einmal entstanden ist, dann entwickelt es seine eigene innere Dynamik und eigenen evolutionären Druck. Dann ist es nur noch schwer möglich, die Richtung der Entwicklung zu steuern und etwas ändern zu können.

Alle FCEs haben einen Einfluss auf die zukünftige Entwicklung des entsprechenden Feldes. Dieser Einfluss kann entweder stark oder schwach sein. Wenn die Beeinflussung groß ist, so spricht man von einem „starken Feldmandat" (verändert nach LAMPEL, J. & A.D. MEYER 2008: 1028). Dieses besteht, wenn Schlüsselakteure eine besondere Autorität in bestimmten Bereichen haben, um diese zu entwickeln oder wenn FCEs monopolistische Formen annehmen. Ein „schwaches Feldmandat" (verändert nach LAMPEL, J. & A.D. MEYER 2008: 1028) hingegen beeinflusst die Feldentwicklung nur indirekt. Dabei ist die Entwicklung des Feldes durch emergente Prozesse gesteuert. Als einzelner Akteur, als Individuum besitzt man hierbei keinen Einfluss und kann nichts ausrichten. Als Gruppe jedoch stehen die Chancen diesbezüglich deutlich besser. Man muss sich sozusagen erst mit anderen Akteuren zusammenschließen und soziale Netzwerke aufbauen, um bei diesem Feld eine Entwicklung vollziehen zu können.

FCEs schaffen einen sozialen Raum, in dem Individuen sich selbst und ihre Organisationen repräsentieren können. Dabei ist die Dualität entscheidend für das Verständnis der Entwicklung von Feldern durch FCEs. Diese Dualität lässt sich durch die evolutionäre Dynamik der Technologie veranschaulichen. Zum Einen ist die Entwicklung neuer Technologien eine unvermeidbare Konsequenz aufgrund der hohen Nachfrage auf dem Markt. Dabei werden die Individuen selbst nicht als autonom betrachtet, da sie den Institutionen und der Nachfrage unterliegen. Zum Anderen können Individuen selbst als autonome Akteure agieren. Sie sind dann selbst Autoren des technischen Wandels durch eigene Erfindungen und neue Entwicklungen. Aufgrund sozialer Interaktionen haben sie die Möglichkeit, neue Ideen zu entwickeln und ein neues Produkt aufzubauen und auch umzusetzen. Diese beiden Seiten beschreiben die Dualität. Die so entstehende Lücke wird bei feldkonfigurierenden Ereignissen versucht zu überbrücken. Der Vorteil von FCEs ist hierbei eben auch, dass jedem Einzelnen mehr Möglichkeiten für Interaktionen gegeben werden, um sich etwas Neues aufzubauen (LAMPEL, J. & A.D. MEYER 2008: 1028f.).

Field-Configuring Events versuchen die Chance zu geben, zwischen Institutionen und Akteuren zu vermitteln. Dies geschieht ebenfalls auf der Mikro- und der Makroebene, d.h. sowohl für Individuen, als auch für große Unternehmen regional und überregional. FCEs schaffen die entsprechenden Räume, in welchen sie alles miteinander vereinbaren können. Bei der Entwicklung der Felder, haben Field-Configuring Events die Aufgabe, Praktiken, Ideen und Überzeugungen zu erweitern, zu festigen, zu verfeinern und die Beziehung zu anderen Feldern herzustellen und zu stärken (LAMPEL, J. & A.D. MEYER 2008: 1028f.).

FCEs haben jedoch auch noch weitere Vorteile, wenn man sie betrachtet. Durch das ständige Datensammeln und durch Aufzeichnungen von Verfahren und Abläufen während solcher Events, ist es den Forschern möglich, Prozesse der Feldbildung zu beobachten und nachvollziehen zu können. Da die Veranstaltungen periodisch auftreten und meist öffentlich zugänglich sind, aufgrund von Ankündigungen, werden an einem Ort viele Menschen mit denselben Interessen versammelt, welche sich untereinander beratschlagen können. Dadurch erfahren die Akteure ebenfalls, wie sie ihre Ressourcen optimal nutzen können. Dies sind alles Informationen bzw. Daten, die während eines solchen Events gesammelt werden können, in Form von Interviews, Gesprächen, Vorträgen, Programmheften usw. Die Entwicklung von Feldern hängt also ebenfalls von Veranstaltungen wie Messen, Konferenzen und Kongressen. Sie sind ein entscheidender Faktor, wie sich das Feld in Zukunft gestalten könnte. (LAMPEL, J. & A.D. MEYER 2008: 1030f.).

## 4.4 Kritik am Ansatz der FCEs

Der folgende Abschnitt widmet sich nun einigen Kritikpunkten, welche der Ansatz der Field-Configuring Events mit sich bringt. Diese sollen nun nur kurz angerissen, es wird dazu keine Stellung genommen.

Ein Kritikpunkt ist, dass das Konzept der feldkonfigurierenden Veranstaltungen „hinsichtlich der Wirkungen von Veranstaltungen [tautologisch sei]" (MÖLLERING 2011: 477). Dies bedeutet, dass ein Event sofort als FCE bezeichnet wird, nur weil es ein Feld konfiguriert. In Folge dessen würden andere Veranstaltungen ausgegrenzt werden und man kann nicht wissen, welche Events nun von größerer Bedeutung sind mit entsprechenden Wirkungen und welche diese Eigenschaften nicht besitzen.

Der zweite Kritikpunkt umfasst die dazugehörige Literatur, welche nur theoretische Ansätze liefert und somit keine Wirkungen, Zusammenhänge oder Erklärungen für Geschehnisse auf solchen Events gibt. Diese müsste aktualisiert werden, um sich dem Konzept der Field-Configuring Events komplett annähern zu können. Dazu gehört auch das Verständnis über die Entstehung und Entwicklung eines Feldes und daraus eventuell folgenden Events. Aufgrund des frühen Stadiums dieser Forschung, wird sich diesbezüglich wahrscheinlich noch einiges ändern und in Zukunft noch detailliertere Berichte erhalten.

Kritisiert wird ebenfalls, dass man sich bei den Betrachtungen zu sehr auf eine Veranstaltung als Mikrokosmos konzentriert. Ein einziges Event ist jedoch nur ein Teil eines großen Ganzen. Da sich Messen, Konferenzen und Kongresse meist periodisch wiederholen und womöglich gar aufeinander aufbauen, ist es von Nöten, die Gesamtheit an Veranstaltungen und ihre Zusammenhänge untereinander zu sehen und nachvollziehen zu können. Wichtig wäre es, eine ganze Reihe von Events zu betrachten, da alle Teil eines größeren Prozesses sind.

FCEs werden hauptsächlich in der Theorie betrachtet. Es wäre allerdings von Vorteil, wenn sich dieses Konzept mehr der Praxis zuwendet und einen engeren Bezug zur Institutionalisierungsarbeit und organisationalen Feldern herstellt und dies dann auch in der Literatur veröffentlicht und angepasst wird.

Das Konzept der Field-Configuring Events befindet sich jedoch in einer anfänglichen Aufbauphase und hat somit viel Potential, um sich positiv weiterzuentwickeln (MÖLLERING 2011: 477f.).

## 4.5 Zusammenfassung

Zusammenfassend kann man sagen, dass die Entwicklung des Konzepts von FCE positiv ist und sich noch in einem jungen Stadium befindet. Felder sind ständig dabei, sich zu verändern und zu entwickeln. Dabei sollten Veranstaltungen wie Konferenzen, Messen und Kongresse näher untersucht werden, da sie für die Entwicklung von Feldern von großer Bedeutung sind. Es ist nur von Vorteil, sich mit dem ausführlich beschriebenen Konzept auseinander zu setzen, da FCEs ein Wendepunkt in unserer sozialen, wirtschaftlichen und politischen Welt sind. Sie sind dazu da, um Informationen und Daten zu sammeln, aus welchen man dann Schlüsse für die Zukunft schließen kann. Da sie meist periodisch stattfinden, ist es möglich, die entsprechende Feldentwicklung besser zu verfolgen. Die Akteure, welche durch Events an einem Ort zusammenkommen, haben ein gemeinsames Interesse und können durch Gespräche Kontakte aufbauen, um zusammen zu arbeiten, sich weiter zu entwickeln oder neue Ideen zu finden. Durch die so entstehende Vermittlung zwischen Individuen und Institutionen, wird das Feld weiterhin beeinflusst. Um die Gesamtheit von Feldern und FCE nachvollziehen zu können, ist es nötig, sich nicht nur mit der Theorie und einer einzelnen Veranstaltung zu befassen, sondern man muss die Komplexität aus Zusammenhängen, Wechselwirkungen und Interaktionen verstehen. Nur so nähert sich man diesem Konzept an und kann seine Vorteile daraus schließen.

## 5. Kreative Industrien Berlins

Nachdem das Konzept der Field-Configuring Events vorgestellt wurde, soll dies im Folgenden dazu dienen, sich differenziert mit der Frage auseinanderzusetzen, ob diese Perspektive eine Möglichkeit zur Erklärung der Entstehung und Entwicklung von Märkten bietet. Hierzu wird das Beispiel der Kreativen Industrien herangezogen, wobei zunächst aufgrund von Definitionsmöglichkeiten und Merkmalen solcher kreativeren Industrien erörtert werden soll, warum das Modell der FCEs gerade für die Erläuterung der Prozesse innerhalb dieser Branchen so relevant ist. Anschließend soll ein weiterer Zugang über die raumbildenden Prozess spacing und Syntheseleistung gefunden werden, um die Field-Configuring Events in Geneseprozessen von Märkten einzubetten und so eine Rekonstruktionsmöglichkeit zu bieten.

## 5.1 Definition und Merkmale Kreativer Industrien

Die intuitive Vorstellung von Kreativen Industrien durch das Charakteristikum der Kreativität des Einzelnen allein ist kaum ausreichend, um eine hinreichende Definition zu formulieren. In diesem Zusammenhang wird in einem kontinental europäischen Ansatz der Kreativwirtschaft die Definition mit dem weitreichenden Begriff der Kulturindustrie angereichert. Nach SÖNDERMANN (2007: 9) gehören solche Branchen zur Kulturindustrie, welche Kultur im weitesten Sinne reproduzieren, also beispielsweise Verlagsgewerbe, Rundfunk oder die Filmindustrie. Folglich formulieren DEMEL et al. (2004: 18) Kreativwirtschaft als Erweiterung der Kulturwirtschaft um einen „affirmativen Technologiesektor". Diese Definition ist auch verträglich mit jener des Deutschen Bundestages, welche im Kern Kreativunternehmen durch die Produktion und Verteilung von kulturellen Gütern und Dienstleistungen charakterisiert (DEUTSCHER BUNDESTAG 2007: 340 ff.).

Speziell in Deutschland wird von jedem Bundesland in Eigenverantwortung festgelegt, welche Branchen in der Kreativwirtschaft inbegriffen sind, so gelten folgende für Berlin: Buch - und Pressemarkt, Film - und Fernsehwirtschaft, Kunstmarkt, Softwareentwicklung/Datenbankanbieter, Telekommunikation, Musikwirtschaft, Werbung, Architektur und Kulturelles Erbe und Darstellende Kunst.

Tabelle 2 – Unternehmen in den Kreativen Industrien Berlins

| Unternehmen in den Kreativen Industrien | |
|---|---|
| Kulturbranchen | 16.401 |
| Kreativbranchen | 4.341 |
| Anteil an Berliner Unternehmen | 14,2% |
| Umsatz in Tsd. € in den Kreativen Industrien | |
| Kulturbranchen | 5.121.867 |
| Kreativbranchen | 2.301.897 |
| Anteil am Berliner BIP | 8,8% |
| Beschäftigte in den Kreativen Industrien | |
| Kulturbranchen | 53.267 |
| Kreativbranchen | 26.342 |
| Anteil an Berliner Beschäftigten | 6,5% |

(HAIGNER et al. 2009: 59)

Betrachte man in Tabelle 2 den Anteil der Kreativen Industrien an Berliner Unternehmen mit 14,2%, welchem der Anteil an Berliner Beschäftigten mit 6,5% gegenübersteht, so werden hier Rückschlüsse nach HAIGNER et al. (2016: 59) auf kleine Unternehmensstrukturen, also Ein-Person-Unternehmen und Kleinunternehmen, gezogen.

Denselben Zugang wie SÖNDERMANN (2007: 9) verwendet CAVES (zit. in Haigner et al. 2016: 29) in seiner Definition gegeben durch „Creative industries supply goods and services that we broadly associate with cultural, aritstic or simply entertaiment value". Er geht jedoch einen Schritt weiter und stellte ein Modell auf, in welchem er Charakteristika zur Identifizierung Kreativer Industrien identifizierte CAVES (2000: 82). Die für diese Arbeit relevanten Charakteristika, Unsicherheit, Kreativität als Wert an sich und Differenzierung, sollen im Folgenden kurz angerissen werden.

Als grundlegendes Merkmal wird die Unsicherheit genannt, dies ist einerseits im Produktionsprozess und Vertrieb aufzufassen, andererseits in der Nachfrage, in diesem Zusammenhang werden solche auch als „Hochrisikobereich[e]" (SÖNDERMANN 2007: 10) bezeichnet. Gerade die unsichere Nachfrage lässt sich dahingehend auffassen, dass durch die Kreativen Industrien vermarkteten Produkte als Erfahrungsprodukte bezeichnet werden, der Konsum hängt in diesem Fall mehr von subjektiven Wahrnehmungen als bei herkömmlichen Produkten (FLEW 2002: 14) ab und es müssen erst Erfahrungen und ein Vokabular geschaffen werden, um das Produkt wirklich zu etablieren. Hier greift das Konzept der Field-Configuring Events, denn gerade das Sammeln von Erfahrungen, Speisung der subjektiven Wahrnehmung und damit die Zugehörigkeit zum organisationalen Feld kann durch das Modell der FCEs erfasst werden (Vgl. Kap 2.3). Diese Erfahrungen der Konsumenten konstituieren den Wert des Produktes (HAIGNER et al. 2009: 29), welcher folglich jedoch nicht seit Produktionsbeginn erfasst werden kann, was sich auf die Gestaltungsprozesse im Produktionsprozess auswirkt, weshalb diese als unsicher bezeichnet werden.

Weiterhin dient als Charakterisierungspunkt Kreativität als Wert an sich. Dieser macht darauf aufmerksam, dass die konkrete Ausgestaltung des Produktes, dessen Qualität und Originalität im Fokus der Beteiligten liegen und sich diese nach CAVES (2000: 83) auch darüber definieren. Im Sinne der Field-Configuring Events ist dies ein relevanter Faktor bei der Gestaltung und Etablierung des organisationalen Feldes, denn einerseits wird durch ausgereifte Qualität infolge hohen Maßes an Kreativität auf sich aufmerksam gemacht, bei fruchtendem Erfolg ist es denkbar, dass zugehörige desselben Feldes diese Strategien adaptieren.

Ein weiterer Punkt, welcher vor allem auf die Wahrnehmung der Objekte anspielt, ist die Differenzierbarkeit. Denn die Unterscheidung von Produkten der Kreativen Industrien ist nicht nur von den Qualitätsmerkmalen abhängig, sondern eher von dem eingebetteten Kontext und der um ihn konstruierten Narration, so ist die Frage welcher Symbolik und

Ästhetik das Konsumprodukt folgt, in welchem institutionellen Kontext dieser eingebunden ist und ob es auch in diesem Zusammenhang als legitim angesehen wird (HAIGNER et al. 2009: 31, LANGE 2011: 71f. ). Dies wird einerseits durch die Vermarktung aufgebaut, andererseits natürlich auch von dem Punkt Kreativität als Wert an sich beeinflusst, denn schlussendlich unterliegen sie den subjektiven Wahrnehmungen der Konsumenten. Gerade die durch den Punkt Differenzierung suggerierte Anspielung auf die subjektiven Komponenten soll nun genutzt werden, um auf die dahinterstehenden Konstruktionsprinzipien im Rahmen des spacings aufmerksam zu machen, um so genauere Konstitutionsprozesse im Rahmen der FCEs zu verstehen.

## 5.2 raumbildende Prozesse in urbanen Räumen

Der Anteil Unternehmen Kreativer Industrien in Berlin im Jahr 2013 mit 12,5% hebt sich signifikant von dem Anteil derartiger Unternehmen im gesamten Raum Deutschland mit 5,4% ab, wie Tabelle 3 zeigt (STATISTISCHES BUNDESAMT 2015: 49).

Tabelle 3 – Beschäftigte in der Kreativwirtschaft

| Land | 2013 | 2009 |
|---|---|---|
|  | in % |  |
| **Beschäftigte in kulturrelevanten Wirtschaftszweigen insgesamt** ........ | **4,8** | **5,0** |
| Schleswig-Holstein ...................... | 4,2 | 4,2 |
| Hamburg ............................. | 8,8 | 9,2 |
| Niedersachsen ......................... | 4,0 | 4,0 |
| Bremen .............................. | 5,3 | 5,6 |
| Nordrhein-Westfalen ................... | 4,6 | 4,7 |
| Hessen .............................. | 5,3 | 5,4 |
| Rheinland-Pfalz ....................... | 4,1 | 4,1 |
| Baden-Württemberg ................... | 5,6 | 5,4 |
| Bayern .............................. | 5,1 | 5,5 |
| Saarland ............................. | 3,7 | 3,7 |
| Berlin ............................... | 7,8 | 8,6 |
| Brandenburg .......................... | 4,0 | 4,0 |
| Mecklenburg-Vorpommern .............. | 3,5 | 3,2 |
| Sachsen .............................. | 4,9 | 4,9 |
| Sachsen-Anhalt ....................... | 3,3 | 3,2 |
| Thüringen ............................ | 4,1 | 3,9 |

(STATISTISCHES BUNDESAMT 2015: 49)

Diese besondere Stellung lässt sich einerseits durch die urbanen Strukturen Berlins erklären, andererseits kann dies als „direktes Ergebnis der ökonomischen und politischen Neuordnung der Nachwendezeit und […] als Teil einer weltweiten Neuordnung der Arbeit in symbolischen Ökonomien gesehen werden" (LANGE 2011: 63). Um gerade die Entstehungsprozesse dieser symbolischen Ökonomien im Zusammenhang mit den Field-Configuring Events zu verstehen, bedarf es hier zunächst nach LANGE (2011: 64) der Analyse über lokale Parameter und Konditionen, welche hier entscheidend für die Formierung von Märkten sind. Der Raumbezug dieser lokalen Parameter kann durch kulturelle Codes und die Bedeutung von Räumen identifiziert werden. Dies lässt sich dadurch konkretisieren, die Wechselwirkung zwischen der Organisation kultureller Codes und physischen Räumen, sowie das Verhältnis materiell, räumlicher Konstruktionen und kulturell kodierten Identitäten zu untersuchen. Greife man auf den Neo-Institutionalismus zurück, so würde die Erfassung dieser Prozesse über den informellen Institutionsbegriff erfolgen, welcher die Einbettung der Organisationen in Institutionen und deren Organisation durch Symbol und Kommunikationsprozesse postuliert (HASSE & KRÜCKEN 2008: 15). Einen weitere Perspektive in diesem Zusammenhang bietet ein Raumverständnis im sozial konstruierten Sinne, so greift LÖW (2015: 158f) die dahinterstehenden Konstruktionsmechanismen auf und fasst diese unter den Begriffen spacing und Syntheseleistung zusammen. Zunächst meint der Begriff des spacing, dass „sich Raum durch das Pla[t]zieren von sozialen Gütern und Menschen bzw. [durch] das Positionieren primär symbolischer Markierungen, um Ensembles von Gütern und Menschen als solche kenntlich zu machen" konstituiert. Hier wird also die Anordnung der Objekte angesprochen und wie diese in Relation zueinanderstehen. Die Zusammenfassung dieser Güter als Raum „über Wahrnehmungs-, Vorstellungs- oder Erinnerungsprozessen" (LÖW 2015: 159) wird als Syntheseleistung bezeichnet. Nicht zuletzt hebt LÖW (2015: 159) hervor, dass beide Prozesse gleichzeitig auftreten und die Vorstellungen bezüglich eines Raumes konstituieren. Gerade in urbanen Räumen wie Berlin ist die bewusste symbolische und kulturelle Ausgestaltung im materiellen und kognitiven Sinne, sowie die Überladung urbaner, unternehmerischer Strategien lediglich Ausdruck sozialräumlicher Strukturen in Mikropolitiken, das heißt Individuen erschaffen symbolische Unterschiede und bemühen sich um Aufmerksamkeit, wenn dies jedoch nicht fruchtet, werden auf im Standort verankerte Taktiken zurückgegriffen. In Hinsicht auf die eben beschrieben Prozesse erfolgt dadurch eine bewusste Manipulation des spacing und der Syntheseleistung, welche in unserer Perspektive im Rahmen der Field-Configuring Events aufgegriffen wird.

Der ebene angerissene Prozess des spacing und der Syntheseleistung ermöglichen einen analytischen Rahmen um sozialräumliche, unternehmerische Strategien zu erfassen und deren Konstruktionsprinzipien zu hinterfragen, in diesem Rahmen soll nun auch der Werdegang der Entwicklung Kreativer Berlin unter Berücksichtigung der Field-Configuring Events rekonstruiert werden.

## 5.3 Nachbetrachtung der Field-Configuring Events

In Anlehnung an Kapitel 3 können Field-Configuring Events als Medien zusammengefasst werden, unter deren räumlichen und zeitlichen Begrenzung Akteure eines organisationalen Feldes herauszufinden in der Lage sind, welche Produkte mit derartigen Strategien vor Ort sind, wer diese vermarktet und auf welche Art und Weise dies geschieht. Die Konstitution innerhalb dieser Veranstaltung erlaubt es sich selbst als Unternehmer der Kreativen Industrien zu zeigen, zu positionieren oder zu distanzieren und schlussendlich sich selbst in den Vordergrund zu stellen um möglichst maximale Erfolge zu erzielen. LANGE (2011: 71f.) hebt in diesem Zusammenhang zwei wichtige Aspekte hervor. Zunächst ist die Selbstinszinierung der Culturpreneuers ein zentrales Mittel, um Aufmerksamkeit zu erlangen und sich den Leuten als „local heroes" zu vermitteln. Die entstandene Zugewandtheit und Agglomeration werden genutzt, um auf individuelle Werbung und Reputation zu zielen, welche dazu dienen sollen, sich schlussendlich im internationalen Markt zu verankern. Dieser Inszenierungsaspekt greift dabei eng in die eigene Identitätsbildung des Unternehmens, denn von hervorgehobener Bedeutung im Sinne der Kreativen Industrien ist die Differenzierbarkeit der Produkte, verbunden mit der Unsicherheit dieser Branche (CAVES 2002: 83). Da die einzelnen Produkte als Erfahrungsprodukte charakterisiert werden, muss der Erfahrungsschatz über Medien wie den Field-Configuring Events aufgebaut werden. In diesem Zusammenhang werden Narrationen genutzt, um das Produkt in einen sozialen Kontext zu bringen und ihn an soziale Praktiken zu binden, um diesem schlussendlich Legitimität zu verleihen, welches nach der neoinsitutionalistischen Organisationstheorie grundlegend verantwortlich für das Überleben des Unternehmens ist (MEYER & WALGENBACH: 65). Hier greift der Prozess des spacings, denn auch im Rahmen der Field-Configuring Events wird der begrenzte Raum bewusst sozialräumlich konstruiert in seiner Anordnung, mit Symbolen und ästhetischen Mitteln ausdifferenziert, um den Prozess des Erfahrungen Sammelns zu forcieren und damit die eigene Entwicklung voranzutreiben. Die damit bewusste Konstellation des Raumes, z.B. im Rahmen von Messen, trägt hier zur Beeinflussung der Syntheseleistung bei. Weiterhin zentral für Entwicklung des Unternehmens unter dem Aspekt der Unternehmensidentität ist die

Ausbildung von Szenepraktiken, welche als Ausdruck aber auch Voraussetzung einer professionellen Identität verstanden werden können. Diese temporären Raumbildungen dienen dazu, die Kommunikation über die eigenen Produkte im Unternehmen zu gewährleisten und durch innovative Schübe sich Zugang zum Markt zu eröffnen (DEAL & KENNEDY 1987: 128, LANGE 2011: 74f.).

## 6. Fazit

Die vorliegende Arbeit befasst sich mit dem Konzept der Field-Configuring Events unter dem Blickwinkel, ob dieses Modell eine Perspektive zur Etablierung und Entwicklung von Märkten bietet. Hierzu wurde das Beispiel der Kreativen Industrien herangezogen.

Zunächst wurde im ersten Kapitel die Theorieströmung, welcher dieses Konzept entspringt, der neoinstitutionalistischen Organisationstheorie, behandelt. Hier wurde ein grundlegendes Verständnis über die Begriffe Organisation, Institution, Legitimität und Rationalität, sowie der Grundannahmen vermittelt. Eine weitere Vorbetrachtung lieferte das zweite Kapitel, in welchem der Institutionsbegriff verfeinert wurde und Grundlegende Konzepte zum Verständnis der Field-Configuring Events angerissen wurden, die Insitutionalisierungsarbeit und Organisationelle Felder. Auf Grundlage dessen konnten anschließend die Field-Configuring Events nach in ihren Merkmalen, Ursprüngen und Auswirkungen auf die Feldentwicklung charakterisiert werden.

Die Beantwortung der Fragestellung erfolgte im Kontext der Kreativen Industrien Berlins, deren zugrundeliegenden Merkmale und Definitionsmöglichkeiten zunächst geklärt wurden, um einen eindeutigen Rahmen zu schaffen. Der Zugang zu der gegebenen Fragestellung wurde durch die Prozesse spacing und Syntheseleistung gelegt, welcher im gegebenen Zusammenhang die Konstitution der Raumwahrnehmung und die Manipulation durch unternehmerische Strategien erfassen sollte.

Die Erklärungsstruktur der Etablierung und Entwicklung der Märkte am Beispiel der Kreativen Industrien wurde anschließend über die Schaffung einer Unternehmensidentität, einer Narration um das Produkt und die Etablierung der Clubszenen auch im Rahmen der Field-Configuring-Events rekonstruiert. Folglich kann die Fragestellung insofern mit ja beantwortet werden, dass dieses Konzept „einen heuristischen Rahmen [...] [darstellt], mit Hilfe dessen die flüchtigen sozialräumlichen Kontexte aufstrebender Märkte zu verstehen sind" (LANGE 2011: 72). Dies macht darauf aufmerksam, dass die Perspektive der

Field-Configuring Events einen heuristischen Zugang zu den vorliegenden Prozessen der Genese und Etablierung von Märkten bietet, jedoch können genauere Zusammenhänge wie konkrete Orte für das Herstellen der temporären Nähe im Rahmen der Field-Configuring Events, oder auch wie konkret die Identitätsbildung und Selbstinszinierung der Unternehmen in Verbindung mit der räumlichen Nähe steht, nicht hergestellt werden. Darüber hinaus konnte auch nicht beantwortet werden, ob sich die uns vorliegende Fragestellung verallgemeinern lässt, das heißt losgelöst von den Kreativen Industrien angenommen werden kann.

# 7. Literatur

CAVES, R. (2000): Creative industries: contracts between art und comerce. In: AMERICAN ECONOMIC ASSOCIATION (Hrsg.): Journal of economic literature. 26. Nashville: Springer, S. 82 – 84.

DEAL, T. & A. KENNEDY (1987): Unternehmenserfolg durch Unternehmenskultur. Bonn: Verlag Norman Rentrop.

DEMEL, K., FALK, R., HARAUER, R., LANDSTEINER G., LEO, H., SCHWARZ G. & V. RATZENBÖCK (2004): Endbericht. Untersuchung des ökonomischen Potenzials der „Creative Industries" in Wien. < http://www.kulturdokumentation.org/download/Endbericht-08-03.pdf> (Stand: 02.2004) (Zugriff:18.07-2018).

DEUTSCHER BUNDESTAG (2007): Schlussbericht der Enquete Kommission „Kultur in Deutschland". 16. Wahlperiode, <https://dip21.bundestag.de/dip21/btd/16/070/1607000.pdf>. (Stand: 2007) (Zugriff:2018-06-24).

DIMAGGIO, P.J. & W.W. POWELL (1983): The iron cage revisted: Institutional Isomorphism and collective rationality in organizational fields. In: American Soziologie Assoziations. Los Angeles: American Soziologie review Vol. 48 No.2

DIMAGGIO P.J. & W.W. POWELL (1991): Introduction. In: DIMAGGIO P.J. & W.W. POWELL (Hrsg.): The New Insitutionalism in Organizational Analysis. Chicago: SAGE Publications, S. 1 – 38.

FLEW, T. (2002): Beyond ad hocery. Defining creative Industries. < https://e-prints.qut.edu.au/256/1/Flew_beyond.pdf> (Stand: 02.2002) (Zugriff: 18.07.2018)

GRABHER G., MÖSLEIN K. MÜLLER-SEITZ, G. & E. SCHÜßLER (2013): Special Issue on "Field-Configuring Events as Arenas for Innovation and Learning". < http://www.wi-wiss.fu-berlin.de/fachbereich/bwl/management/schuessler/Medien/CfP_FCEs_Industry___Innovation.pdf> (Stand: 2013) (Zugriff: 20.07.18).

HAIGNER, S., JENEWEIN S., SCHNEIDER, F., PUCHTA, D. & F. WAKOLBINGER (2009): Kreative Industrien. Eine Analyse von Schlüsselindustrien am Beispiel Berlins. Wiesbaden: GWV Fachverlage GmBH.

HASSE, R. & G. KRÜCKEN (2005²): Neo-Institutionalismus. Mit einem Vorwort von John Meyer. Bielefeld: transcript Verlag.

LAMPEL, J. & A.D. MEYER (2008): Field-Configuring Events as Structuring Mechanisms: How Conferences, Ceremonies, and Trade Shows Constitute New Technologies, Industries, and Markets. In: Journal of Management Studies. Oxford: Blackwell Publishing.

LANGE, B. (2011): Field-configuring events. Raumpolitiken und professionelle Szenen im Designbereich. In: Koch G. & B. Warneken (Hrsg.): Wissensarbeit und Arbeitswissen. Zur Ethnografie des kognitiven Kapitalismus. Berlin: Impuls. S. 59 - 81

LANGE, B., POWER, D. & L. SUWALA (2014): Geographies of field-configuring events. In: HENN S. & W. THOMI (Hrsg.): Zeitschrift für Wirtschaftsgeografie. 2014(4). Berlin: De Gruyter, S. 187 – 201.

LAWRENCE, T.B., SUDDABY, B. & B. LECA (2009): Institutional Work. Actors and agency in institutional studies od organizations. Cambridge: Cambridge Journal

LÖW, M. (2015[8]): Raumsoziolgie. Frankfurt am Main: suhrkamp Verlag.

MEYER, J. (2005[2]): Vorwort. In: HASSE, R. & G. KRÜCKEN: Neo-Institutionalismus. Mit einem Vorwort von John Meyer. Bielefeld: transcript Verlag, S. 5 -12

MEYER, R. & P. WALGENBACH (2008): Neoinstitutionalistische Organisationstheorie. Stuttgart: W. Kohlhammer GmbH.

MIEBACH, B. (2007): Organisationstheorie. Problemstellung - Modelle - Entwicklung. Wiesbaden: GWV Fachverlag GmbH.

MÖLLERING, G. (2011): Umweltbeeinflussung durch Events?. Institutionalisierungsarbeit und feldkonfigurierende Veranstaltungen in organisationalen Feldern. In: Schmalenbachs Zeitschrift für betriebswirtschaftliche Forschung (2011[63]). Köln: Verlagsgruppe Handelsblatt

SCOTT, R.W. (2001[2]): Institutions an organizations. Foundations for organizational science. Thousand Oaks: SAGE Publications

SENGE, K. (2006): Zum Begriff der Institution im Neo-Institutionalismus. In: HELLMANN K. & K. SENGE (Hrsg.): Einführung in den Neo-Institutionalismus. Mit einem Beitrag von W. Richard Scott. Wiesbaden: GWV Fachverlage GmbH, S. 35 – 48.

SENGE, K. (2011): Das Neue am Neo-Institutionalismus. Der Neo-Institutionalismus im Kontext der Organisationswissenschaften. Wiesbaden: Springer.

SÖNDERMANN, M. (2007): Kulturwirtschaft und Creative Industries 2007. Aktuelle Trends unter besonderer Berücksichtigung der Mikrounternehmen. < http://www.galerie-herrmann.com/arts/art6/Texte/Creativ_Industries.pdf> (Stand: 16.05.2007) (Zugriff: 20.07.18).

STATISTISCHES BUNDESAMT (2015): Beschäftigung in Kultur und Kulturwirtschaft. Sonderauswertung aus dem Mikrozensus. <https://www.destatis.de/DE/Publikationen/Thematisch/BildungForschungKultur/Kultur/BeschaeftigungKultur5216201159004.pdf?__blob=publicationFile> (Stand: 11.2015) (Zugriff: 17.07.2018)

TACKE, V. (2006): Rationalität im Neo-Institutionalismus. In: HELLMANN K. & K. SENGE (Hrsg.): Einführung in den Neo-Institutionalismus. Mit einem Beitrag von W. Richard Scott. Wiesbaden: GWV Fachverlage GmbH, S. 89 – 102.

WOOTEN, M. & A.J. HOFFMAN (2008): Organizational Fields. past, present and future. Los Angeles: SAGE Publications